中国少儿百科

尹传红　主编　苟利军　罗晓波　副主编

核心素养提升丛书

四川科学技术出版社

有一个特别好玩的地方，相信小朋友们都很想去看看，那就是游乐园。

年龄大一点的小朋友，都已经学会骑自行车了。不管在城里还是在乡村，都会看到各种汽车，它是很常见的交通工具。

阳光下，小小的游船在湖里飘荡，看起来真有趣！

在游乐园，我们可以玩惊险的摩天轮，可以骑旋转木马，还可以到湖里踩脚踏船。真是太令人开心了！

你们听说过吗？有一种机器人，居然还会踢足球，真是太神奇了！

古人真了不起，在很多很多年前，他们就已经制造出了能观测天文现象的机械——水运仪象台。

不久的将来，科学家们还会研制出一种非常灵巧的单人飞行器。到时候，我们出行就更加方便了。

上面提到的这些游乐设施、交通工具、机器人等，都可以称为"机械"。它们都是根据力学原理制造出来的。

小朋友，星期天到了，我们到游乐园去玩一会儿吧！

快看，那辆过山车在轨道上跑得真快呀！大家不用担心它会脱轨，因为整列过山车是被轮胎和覆带牢牢地固定在轨道上的。

过山车的速度那么快，能产生很大的离心力，只要这种离心力和重力同样大，过山车就算驶到了最高处，也不会从轨道上掉下来。

离心力

重力

看看那些有趣的旋转木马，它们不仅可以不停地旋转，还能上下移动，就像有了生命一样。

巨大的摩天轮能够转动，是因为电动机为它提供了动力，而减速机则使它转动的速度不会太快，这样就更加安全了。

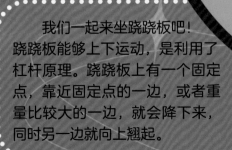

我们一起来坐跷跷板吧！跷跷板能够上下运动，是利用了杠杆原理。跷跷板上有一个固定点，靠近固定点的一边，或者重量比较大的一边，就会降下来，同时另一边就向上翘起。

游乐园里还有滑梯、缆车、脚踏船、海盗船、旋转茶杯等许多有趣的游乐设施。

站在滑梯顶上往下滑，因为受重力的作用，我们会"嗖"地一声一直滑到底。

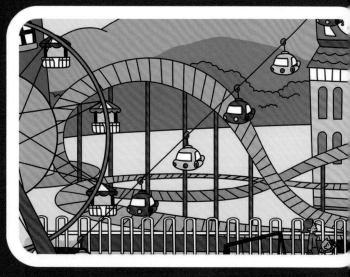

许多小朋友都很喜欢坐海盗船。海盗船能缓慢地摆动，也能急促地摆动，因为它安装了船体摆动限位装置和安全压杠等保护装置。

我们坐在脚踏船里，只要用脚踩下踏板，就能产生动力，使整艘船动起来，真有意思！

　　小朋友骑自行车的样子真神气！你知道吗，只要用力踩下自行车的踏板，车上的大齿轮就会带动链条，链条再带动后轮上的小齿轮，于是后轮就会转动起来，然后车轮和整辆自行车便会轻快地向前驶去。

　　摩托车也是一种结构比较简单的交通工具，不过它需要燃料来提供动力。燃料燃烧会使发动机中的活塞和传动轴运动起来，于是就可以带动车轮运动了。

和摩托车一样，汽车要前进也离不开燃料。在汽车发动机里燃烧的燃料会产生热能，使密闭的气缸里的气体受热膨胀，于是推动活塞运动，并带动传动轴驱动车轮转动。

发动机　变速器　传动轴　后差速器　后驱动器

汽车能够平稳行驶，还需要离合器和变速器的帮助。

ABS
ECU
执行器

当然，司机也能让快速行驶的汽车减速或停车。他们只要踩下刹车踏板，启动刹车系统，汽车就能减慢速度或者停下了。

除汽车外，很多小朋友都坐过火车。火车既快捷又安全，是人们出行的选择之一。

在火车的驾驶室里，除了方向盘，还有许多按钮，驾驶员就是通过它们来控制整列火车的安全运行。

有些火车是流线型的车头，不但简洁美观，而且还能减小空气对车头的阻力，使火车的速度更快。

驾驶员操控火车，需要依靠运行控制系统提供的信息。

电动车属于新能源车辆，配备了充电插头、电动马达、电力控制组、电池组、配电盒等部件。

电动车不用消耗化石燃料，完全依靠电力驱动，速度与普通的汽车差不多。电动车最大的优势是不会产生废气而造成环境污染。

充电插头

电池组

电力控制组

配电盒

电动马达

有一种很奇特的公交车，竟然能在水面上行驶，因为它拥有像船一样的外壳。这就是澳大利亚、荷兰、中国等国家制造的水陆两栖公交车。

大货车是专门运载货物的大型车辆，大部分用柴油作为燃料，动力强劲。和小汽车相比，这种大货车的车身、底盘等结构的支撑能力更强，所以能运载更多的货物。

道路清扫车能够清扫地面，并把垃圾吸进车内的集尘箱里，然后一起运走。

我们的街道那么干净整洁，道路清扫车的功劳可不小哦！

救护车是一种专门用于救治病人的专用车辆，车里配备呼吸机、氧气袋、听诊器、急救箱、血压计和生理盐水等各种急救设备和器材。

一旦发生火灾，消防车就会快速赶到现场。

消防车里的设备齐全，有水泵、消防水带、水枪、灭火器、呼吸器、钳子、锤子等。

可以说，红色的消防车就是名副其实的救火"英雄车"。

在田野间，我们可以看到收割机、播种机等各种各样的农用机械。

在收获的季节，农民伯伯会用收割机收割庄稼。同时，他们还会用卡车运输谷物。

德国有一种胡萝卜收割机，一天就可以收割一百吨胡萝卜，效率很高。

播种机工作时，一边在田里翻出一条条长长的沟，一边把种子撒到沟里。而且，播种机还有撒播农药的功能哦。

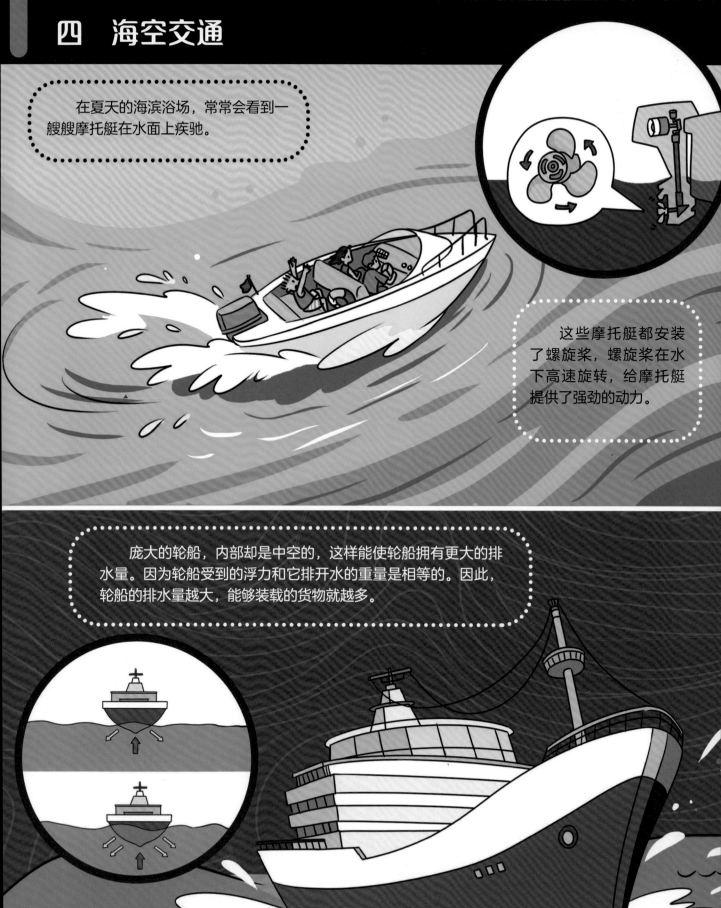

在夏天的海滨浴场，常常会看到一艘艘摩托艇在水面上疾驰。

这些摩托艇都安装了螺旋桨，螺旋桨在水下高速旋转，给摩托艇提供了强劲的动力。

庞大的轮船，内部却是中空的，这样能使轮船拥有更大的排水量。因为轮船受到的浮力和它排开水的重量是相等的。因此，轮船的排水量越大，能够装载的货物就越多。

帆船可以借助风力，不用划桨就能向前行驶。原来是风把帆吹得鼓起来，并把它向前推，于是整艘帆船就能前进了。

钢筋铁骨的潜艇能像鱼一样潜到水底。它们怎么会有这么神奇的本领呢？原来，潜艇上设有压载水舱，只要往水舱里注水，潜艇就会下潜；而往水舱里注入空气，潜艇就会上浮。

我国研制的"奋斗者"号潜水器，能下潜到 10 000 多米深的海底。

　　载人热气球是一种常见的空中交通工具。热气球内的燃料燃烧，使气球内的空气温度升高膨胀，空气密度变小，这样就产生了浮力，使热气球向上升起。

　　燃料熄灭后，气球内的温度降低，密度变大，在重力作用下热气球就缓缓下降。

空气冷却收缩

空气受热膨胀

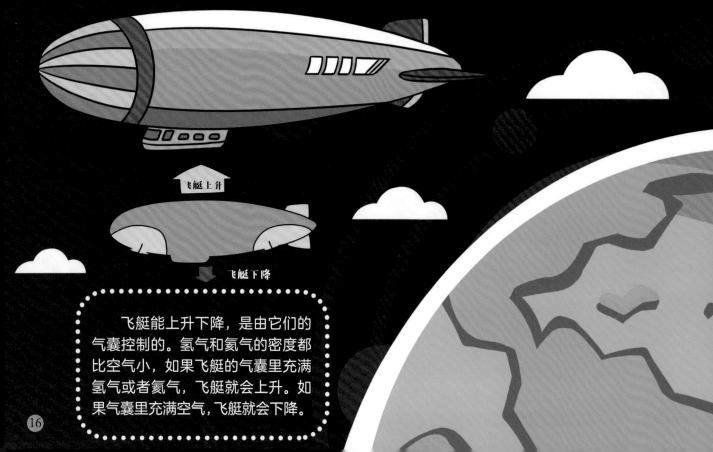

飞艇上升

飞艇下降

　　飞艇能上升下降，是由它们的气囊控制的。氢气和氦气的密度都比空气小，如果飞艇的气囊里充满氢气或者氦气，飞艇就会上升。如果气囊里充满空气，飞艇就会下降。

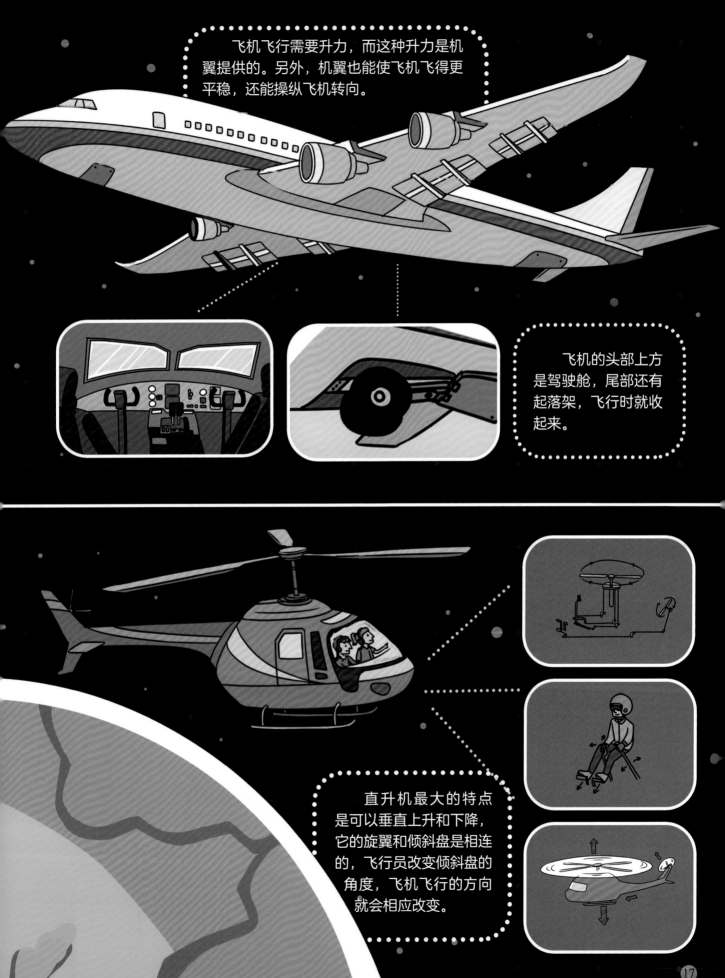

飞机飞行需要升力，而这种升力是机翼提供的。另外，机翼也能使飞机飞得更平稳，还能操纵飞机转向。

飞机的头部上方是驾驶舱，尾部还有起落架，飞行时就收起来。

直升机最大的特点是可以垂直上升和下降，它的旋翼和倾斜盘是相连的，飞行员改变倾斜盘的角度，飞机飞行的方向就会相应改变。

光看名字大家就知道快递无人机的用途了。它能快速运送快递等物品，可以有效改善偏远地区的物流配送问题。

相比传统运输方式，无人机不受地形限制，能够灵活避开各种障碍物，快速、准确地将货物送到目的地，大大节省了人力和时间。

随着科技的迅猛发展，各种新兴交通工具不断涌现，给人们的生活带来了极大的便利。

在各种科幻片中，我们经常能够看到那些功能各异的机器人。

有些自动贩卖机器人，能售卖饮料，还能走路、说话呢。

还有一个叫阿西莫的智能机器人，既能走路和上、下楼梯，还能倒水、踢足球，甚至能指挥乐队演奏！

一些小朋友的家里有扫地机器人，这些勤快、称职的"小保洁员"，深受人们欢迎。

阿基米德是古希腊著名的科学家。一次，罗马军队入侵时，古希腊士兵用上了阿基米德发明的机械——"阿基米德之爪"，它就像起重机一样，能轻松抓起对方的整艘战舰，然后猛地摔下去。

阿基米德还发明了一种水泵——阿基米德螺旋泵，只要转动泵里的螺旋杆，它就能把低处的水送到高处去。

现代机械螺旋泵的前身，就是阿基米德螺旋泵。

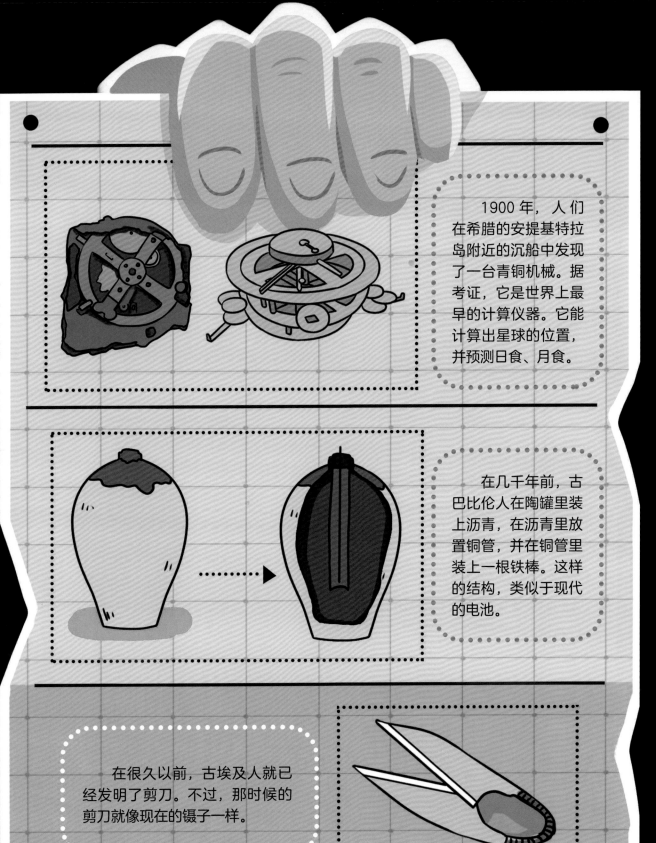

1900 年，人们在希腊的安提基特拉岛附近的沉船中发现了一台青铜机械。据考证，它是世界上最早的计算仪器。它能计算出星球的位置，并预测日食、月食。

在几千年前，古巴比伦人在陶罐里装上沥青，在沥青里放置铜管，并在铜管里装上一根铁棒。这样的结构，类似于现代的电池。

在很久以前，古埃及人就已经发明了剪刀。不过，那时候的剪刀就像现在的镊子一样。

在北宋时期，天文学家苏颂等人制造了水运仪象台，可以计时、报时、观测天文现象。可以说，这是一座小型天文台。

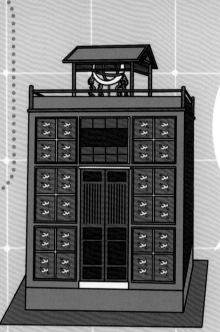

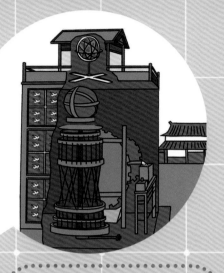

这种水运仪象台的底部设有动力装置，只要受到水的冲击，就会运转起来。

中国古代的纺车，能把棉、丝、麻等材料加工成丝线，并把它们织成布匹。

只要使纺车上的轮子转动起来，纺车就能工作了。

六 我们的家

早晨，清脆的闹铃声会准时把我们叫醒。这些钟表，是我们日常生活不能缺少的用品。

许多钟表里都有发条和齿轮，发条带动齿轮转动，钟表的指针就开始向前移动了。

在家里，我们一般能找到螺丝刀、扳手等工具。你们拧过螺丝钉吗？建议大家动手试一下。顺时针方向转动螺丝刀，就能拧紧螺丝钉。同样，顺时针方向转动扳手，也能把螺栓拧紧。

清澈的水从水龙头里"哗啦啦"地流出来，为我们的生活提供了便利。

我们打开水龙头的同时，也打开了它的阀门，于是水就流了出来。阀门被关闭后，水也就停了。

卫生间里有马桶和水箱，我们按下水箱的按钮，就能打开水箱底部的橡皮塞，于是水箱里的水就冲进了马桶里。

马桶的下水管道是弯曲的，这样能防止臭气从里面冒出来。

我们家里的电器，有的是纯电器，像电热水壶、电热毯等，有的是电能和机械相结合的机械电器，像洗衣机、电风扇等。

滚桶洗衣机的内筒不停地翻转，水流也不停地冲击，这样就能把脏衣服洗干净了。

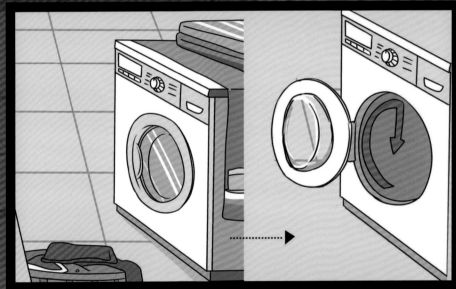

热水器将水加热后，再从水管里流出来，我们就能舒舒服服地洗热水澡了。

被热水器加热的水可以通过管道输送到暖气里，暖气散发出热量，使整个房间在寒冷的冬天也很暖和。

饮水机能把水烧开，是因为它拥有制热系统。

电热水壶也能把水烧开，是因为电流能使壶中的金属圈升温，产生的热量传到水里，就可以给水加热。

220V

26

电磁炉和微波炉更加奇妙，电磁辐射使电磁炉温度升高，于是壶里的水就被烧开了，而微波炉能利用微波给食物加热。

电烤箱启动后，里面的电热元件就会变热，温度随之升高，于是食物就被烤熟了。许多香喷喷的烤肉，就是用电烤箱制作的。

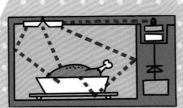

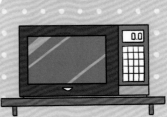

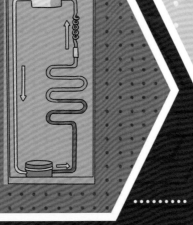

我们经常把水果、蔬菜、饮料等存放到电冰箱里，让它们保持低温而不会变质。

电冰箱里有空气压缩机、冷凝器和蒸发器等部件。压缩机的作用是使空气液化，而蒸发机的作用是使液态空气汽化，这个过程会吸收热量，所以能够制冷。

最早的家用电冰箱出现在 1913 年的美国芝加哥。

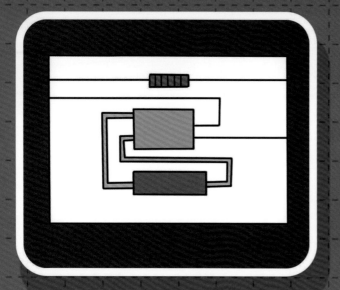

消毒碗柜具有强大的消毒功能。启动后，消毒柜中的臭氧紫外线灯能把空气中的氧分子电离成臭氧分子，而臭氧分子的强氧化作用会把柜里的细菌统统杀死。

只要装上一台油烟机，就能让厨房变得不那么油腻。油烟机中的风轮飞快地旋转起来，会形成负压区，可以把厨房里的油烟吸走。

排出空气　电机　过滤片　滤尘袋　吸尘刷

扫地机器人能帮助我们扫地，而吸尘器也是清洁卫生的小能手，能把地板上的灰尘吸走。吸尘器内装有电机、过滤片和滤尘袋。电机飞快地旋转起来，把吸尘器内部的空气排出，形成真空，而吸尘刷则能把灰尘吸入滤尘袋中，完成清洁任务。

启动吹风机，里面的电热丝就会发热，从而使它周围的空气变热。于是，吹风机就能吹出热乎乎的风，把我们湿漉漉的头发完全烘干。

炎热的夏天，在门窗紧闭的房间里，只要打开空调，我们就会感到非常凉爽。

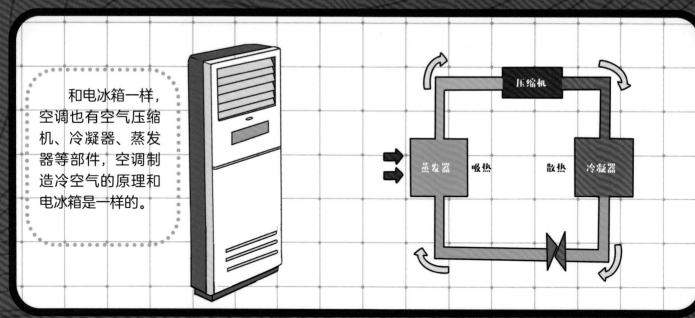

和电冰箱一样，空调也有空气压缩机、冷凝器、蒸发器等部件，空调制造冷空气的原理和电冰箱是一样的。

压缩机

蒸发器　吸热　　散热　冷凝器

跑步机启动后，电机就能带动跑带转动。于是，不用移动位置，我们也能在跑带上不停地奔跑了。

小朋友都很喜欢看精彩的电视节目吧！家里的电视机，肯定陪你们度过了不少美好的时光。

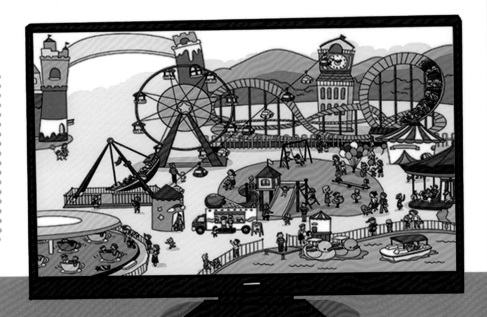

电视机的基本系统由摄像、信号传输和显像三部分组成。电视机把接收到的电子图像信号还原成图像后，屏幕上就能显现出清晰的画面了。

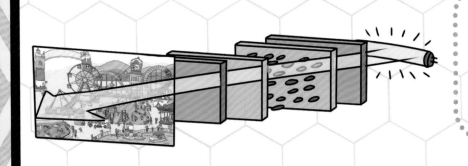

天线是一种能接收无线电波的装置。有了电视接收天线，电视机就能接收到电视信号了。

在通信技术高度发达的今天，手机和电脑越来越普及。手机是可移动的无线电话，能够接收通信网络发出的信号，实现通话。

卫星

网络覆盖

路由器

手机

台式电脑

笔记本电脑

在网络可以覆盖的地方，只要安装了路由器，笔记本电脑不再需要连接网线也能正常使用。

除了传统的化石燃料，太阳能板也能发电。这种特殊的发电设备，由光伏组件、光能控制器和蓄电池组成。它能将太阳能转换成电能，供人们使用。

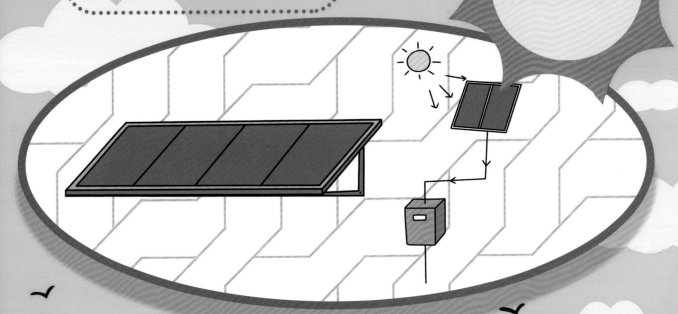

在农村，人们把家畜粪便和厨房垃圾密闭发酵。经过微生物发酵后，就会产生可以用来发电的沼气。沼气还能作为燃料，用来做饭。

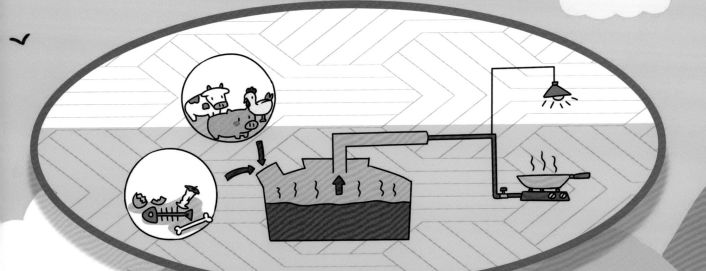

太阳能发电和沼气发电，都是低碳环保的清洁能源。

小朋友，你听说过"低碳生活"吗？它要求我们尽量减少二氧化碳的排放，做到节电、节气、节水，并掌握资源的回收和利用，才能实现美好的低碳生活。

及时关灯

在日常生活中，人们可以通过科学用水，提高水资源的利用率。

所以，我们一定要懂得节俭，不要浪费水、电、气等资源。

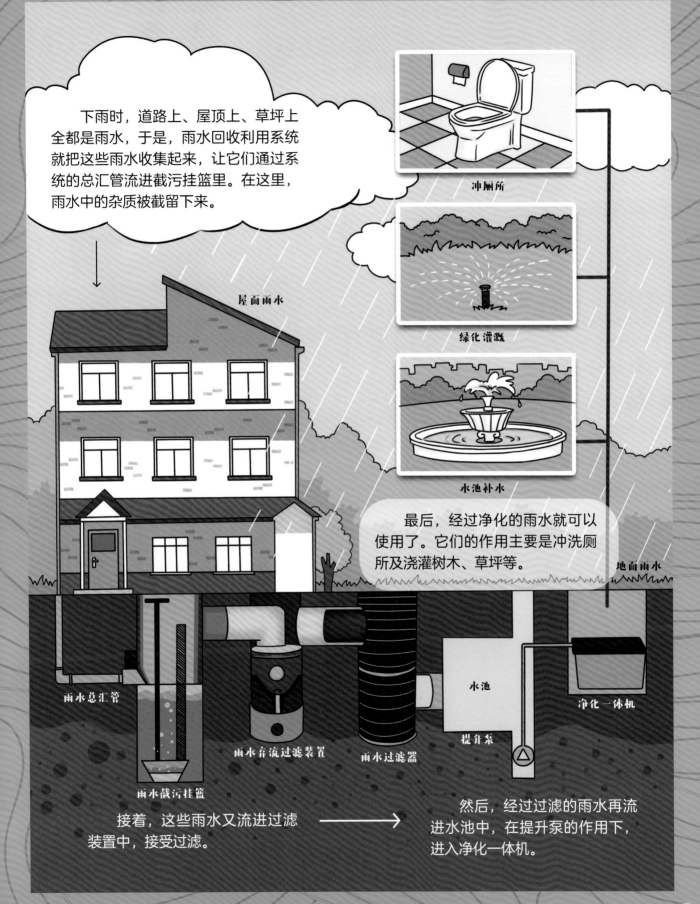

下雨时，道路上、屋顶上、草坪上全都是雨水，于是，雨水回收利用系统就把这些雨水收集起来，让它们通过系统的总汇管流进截污挂篮里。在这里，雨水中的杂质被截留下来。

冲厕所

绿化灌溉

水池补水

屋面雨水

最后，经过净化的雨水就可以使用了。它们的作用主要是冲洗厕所及浇灌树木、草坪等。

地面雨水

雨水总汇管

雨水截污挂篮

雨水弃流过滤装置

雨水过滤器

水池

提升泵

净化一体机

接着，这些雨水又流进过滤装置中，接受过滤。

然后，经过过滤的雨水再流进水池中，在提升泵的作用下，进入净化一体机。

图书在版编目 (CIP) 数据

运转的机械 / 尹传红主编；苟利军，罗晓波副主编 .
成都：四川科学技术出版社，2024.8. --（中国少儿百
科核心素养提升丛书）. -- ISBN 978-7-5727-1485-6

Ⅰ . TH-49

中国国家版本馆 CIP 数据核字第 20247HH642 号

中国少儿百科　核心素养提升丛书
ZHONGGUO SHAOER BAIKE HEXIN SUYANG TISHENG CONGSHU

运转的机械
YUNZHUAN DE JIXIE

主　　编　尹传红
副 主 编　苟利军　罗晓波
出 品 人　程佳月
责任编辑　周美池
选题策划　鄢孟君
封面设计　韩少洁
责任出版　欧晓春
出版发行　四川科学技术出版社
　　　　　成都市锦江区三色路 238 号　邮政编码 610023
　　　　　官方微博 http://weibo.com/sckjcbs
　　　　　官方微信公众号　sckjcbs
　　　　　传真 028-86361756
成品尺寸　205mm×265mm
印　　张　2.25
字　　数　45 千
印　　刷　成业恒信印刷河北有限公司
版　　次　2024 年 8 月第 1 版
印　　次　2024 年 9 月第 1 次印刷
定　　价　39.80 元

ISBN　978-7-5727-1485-6

邮　　购：成都市锦江区三色路 238 号新华之星 A 座 25 层　邮政编码：610023
电　　话：028-86361770